誕生！恐龍進化之謎

進化論入門班

卡洛斯‧帕索斯　著／繪

新雅文化事業有限公司
www.sunya.com.hk

你們好啊，未來的**進化論**小天才！
我叫天娜，是一個**古生物學家**。
這隻穿着恐龍服裝的小雞，叫**達爾文**。

達爾文是農場裏最細小的動物，牠為了變成「大人物」，特意穿上了**恐龍**服裝。可惜，其他動物還是不理睬牠。

而且，達爾文其實不知道……
牠的**祖先**正是恐龍呀！

你不相信嗎？
讓我帶你去看看。

你快把這件恐龍服裝掛到一旁，跟我來吧！

我們來一次時光旅行，尋找**生命的起源**吧！
我們將會發現，為什麼恐龍是你們鳥類的祖先啦。

我們回到**過去**啦！
這時候，世界上還沒有任何植物或動物。

盧卡

在海洋裏唯一的生命，就是這些**單細胞生物**。

科學知多點

盧卡這名字有什麼意思？
盧卡是英文LUCA的譯音。LUCA是Last Universal Common Ancestor的首字母的縮寫，即現存所有物種最後的共同祖先和起源。

其中一種單細胞生物就是**盧卡**，它是地球上所有
生命的祖宗，最擅長就是適應環境和繁殖啦。
其他生物就沒有它這麼好運氣了。

盧卡的孩子們「小盧卡」長得跟它幾乎一模一樣。
孩子們的孩子「小小盧卡」也和盧卡長得幾乎一樣。可惜，
並不是所有孩子都能活得長命，可以生下更多的孩子。

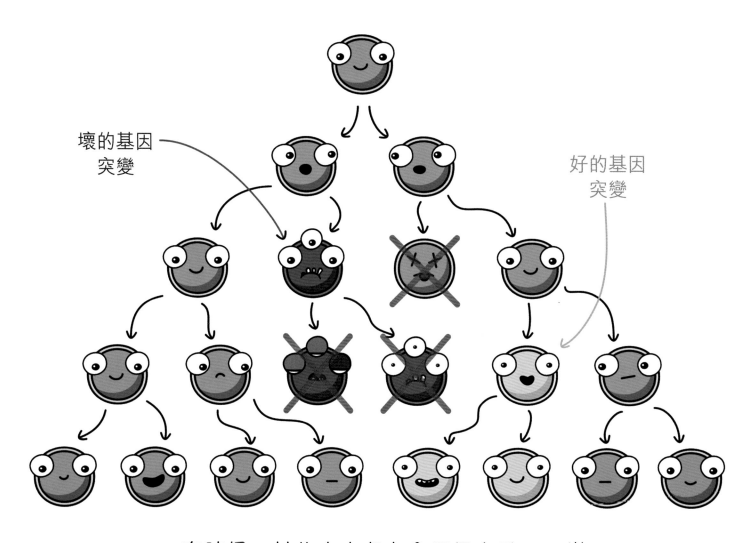

壞的基因
突變

好的基因
突變

有時候，某些小小盧卡會長得有點不一樣。
這種分別叫「基因突變」。

有一些**變異**能夠幫助小小盧卡活下來，甚至讓它們在其他環境裏，都能生下更多的孩子。

而這些壞的變異就幫不上忙啦。

時日過去，經過大自然的篩選，一些小小的分別變成了大大的不同。

微進化

廣進化

於是，能適應環境的
新物種誕生啦！

盧卡發展出各種更加複雜的生物，牠們慢慢地、靜悄悄地遍布在地球上了。

就例如這些動物！

無脊椎動物

脊椎動物

🦕 **科學知多點**

人類是脊椎動物還是無脊椎動物？
無脊椎動物指背側沒有脊椎的動物，體內沒有硬骨骼，如昆蟲、蚯蚓、蝦、水母等。脊椎動物是指體內有脊椎構造和骨架的動物，例如魚、青蛙、蜥蜴、鳥類和哺乳類。所以人類當然是脊椎動物。

我們到了**恐龍**時代啦。

你看！這麼多不同類型的**物種**，還有大恐龍啊！

另外也有其他小恐龍。

舉個例說，這隻屬於**獸腳亞目**的恐龍，就是你的祖先之一。
牠既會用兩隻後腿走路，也愛吃肉。

快跑！快跑！牠還會咬人啊！

許多年以後，在牠的後代裏，
出現了**虛骨龍**，牠的羽毛和腳爪跟
你的更像。

牠們真漂亮！

還有，你不要忘記，恐龍是從**蛋**裏孵化出來的。
這跟你一樣啊，達爾文。

科學知多點

古生物學家怎樣知道恐龍是從蛋裏孵化出來的？
古生物學家是從化石中推測恐龍的身體結構和習性的。因為學者曾
發掘出一系列恐龍蛋化石，有些蛋中還有未孵化出來的恐龍，所以
認為牠們是卵生動物。

來，我們繼續跟着時間的腳步前進吧！你會發現年代越近，你的祖先就跟你越相似啊！

這位就是**手盜龍**的家族成員。
牠像達爾文嗎？

此外，地球上還出現了會**飛行**的恐龍和**爬行動物**。

但你不是牠們的後代，你們只能算是遠房親戚。
而且現在你已找不到牠們了。

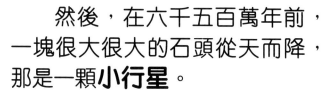

然後，在六千五百萬年前，
一塊很大很大的石頭從天而降，
那是一顆**小行星**。

它帶來了一場大災難，幾乎所有恐龍都沒法
存活下來。

科學知多點

小行星為恐龍帶來什麼災難？
科學家估計巨大的小行星撞擊地球後，導致塵埃遮蔽天空，令太陽無法照射地球，植物不能進行光合作用；也引發酸雨，令海洋成分驟變，海中生物大量死亡。恐龍捱不過食物短缺和氣候改變，所以無法存活下來。

但你別失望，還是有些恐龍幸運地活下來了！

我們把牠們叫作**似鳥龍**，全靠牠們長得小巧，才能找到地方躲藏起來，保護自己。

牠們延續了生命的旅程，令**新物種**出現啦！

新物種進化成為現代的
鳥類，並飛遍世界各地。

科學知多點

雞有什麼近親呢？
鳥類的學名是「鳥綱」或「新鳥亞綱」，指所有現生鳥的最後共同祖先及其
全部後代。兩個分支是古顎下綱（翼很短、不能飛翔）和今顎下綱（大部分
善於飛行）。今顎下綱之下的雞雁小綱有雁形目（如鴨、雁）和雞形目（如
鵪鶉、孔雀），雞屬於雞形目，可說是鵪鶉、孔雀等的近親。

達爾文，你就屬於雞雁小綱啊。

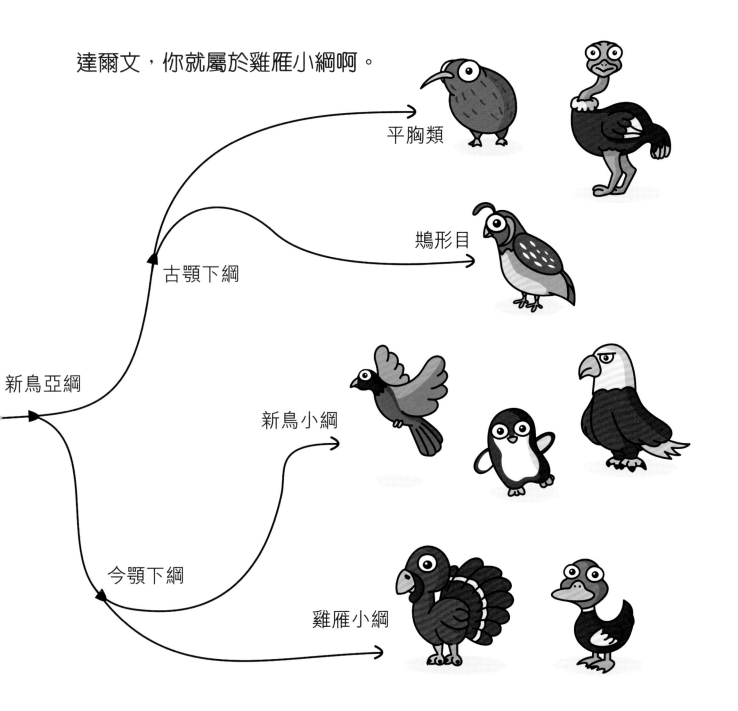

平胸類

鴂形目

古顎下綱

新鳥亞綱

新鳥小綱

今顎下綱

雞雁小綱

所以你看見吧，所有的**鳥類**都是由倖存下來的恐龍進化出來的。

不過你的祖先並不是身形龐大的恐龍，而是小巧又敏捷的那一類。

有時候，我們總想跟別人不一樣。可是達爾文，
我覺得你保持現在的樣子已經很好。

其實，農場的**朋友們**也是這麼想的呢！

現在我們已是**進化論**的專家啦，
你該為自己是一隻小雞而感到自豪啊！

你是我親愛的
恐龍後代！

各位小天才，再見！

STEAM 小天才
誕生！恐龍進化之謎　進化論入門班

作　　者：卡洛斯·帕索斯（Carlos Pazos）
翻　　譯：袁仲實
責任編輯：黃楚雨
美術設計：蔡學彰
出　　版：新雅文化事業有限公司
　　　　　香港英皇道499號北角工業大廈18樓
　　　　　電話：(852) 2138 7998
　　　　　傳真：(852) 2597 4003
　　　　　網址：http://www.sunya.com.hk
　　　　　電郵：marketing@sunya.com.hk
發　　行：香港聯合書刊物流有限公司
　　　　　香港荃灣德士古道220-248號荃灣工業中心16樓
　　　　　電話：(852) 2150 2100
　　　　　傳真：(852) 2407 3062
　　　　　電郵：info@suplogistics.com.hk
印　　刷：中華商務彩色印刷有限公司
　　　　　香港新界大埔汀麗路 36 號
版　　次：二〇二一年四月初版